Elan Valley has been providing millions of people with clean water for over 100 years.

Find out more about the history, landscape and wildlife that make this part of Wales so special and beloved by so many.

Contents

MAP	1
HISTORY OF THE DAMS	2
DAM STATISTICS	16
GEOLOGY & GEOMORPHOLOGY	17
DARK SKIES	18
NATURE & WILDLIFE	19
VISITING ELAN VALLEY	23
CODE OF CONDUCT	30

Elan Valley Driving Map

-  Dam
-  Parking
- Toilets
- ···· Elan Valley Trail
-  Nantgwyllt Church
- Telephone
- — Road

CLAERWEN DAM

SCALE: 1 SQUARE = 1 MILE (1.6km)

Mae **Cwm Elan** wedi bod yn darparu dŵr glân ar gyfer miliynau o bobl ers dros 100 mlynedd.

Darganfyddwch yr hanes, y dirwedd a'r bywyd gwyllt sy'n gwneud y rhan yma o Gymru mor arbennig ac mor hoff i gymaint o bobl.

Cynnwys

MAP	1
HANES YR ARGAEAU	2
YSTADEGAU'R ARGAEAU	16
DAEAREG A GEOMORFFOLEG	17
YR WYBREN DYWYLL	18
NATUR A BYWYD GWYLLT	19
YMWELD Â CHWM ELAN	23
COD YMDDYGIAD	30

Map Gymru Cwm Elan

Allwedd / Legend:
- 🏛️ Argae
- 🅿️ Parcio
- 🚻 Toiledau
- ✝️ Eglwys Nantgwyllt
- 📞 Ffôn
- — Ffyrdd
- ···· Llwybr Cwm Elan

ARGAE CLAERWEN

Cwmpawd: G (Gogledd), Dn (Dwyrain), De, Gn (Gorllewin)

GRADDFA: 1 SGWÂR = 1 MILLTIR (1.6km)

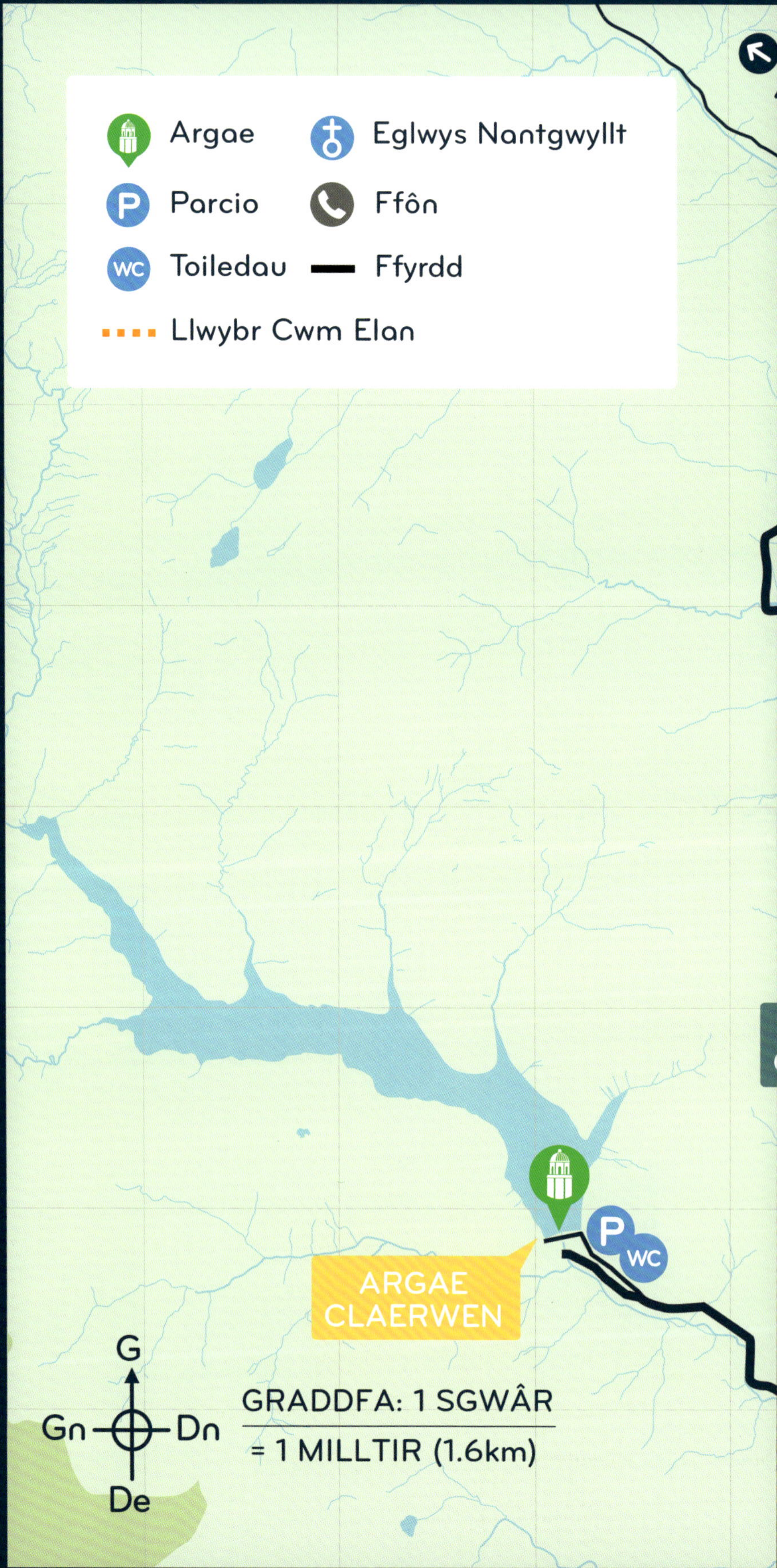

HANES YR ARGAEAU

Bu twf anferth ym mhoblogaeth dinas Birmingham yn ystod y Chwyldro Diwydiannol wrth i bobl symud o gefn gwlad i'r dinasoedd i chwilio am waith. Doedd y tair afon fechan (Cole, Tame a Rea) ddim yn ddigon mawr i ymdopi â'r galw ychwanegol am ddŵr glân, felly penderfynodd Cyngor Dinas Birmingham fod angen iddynt ddod o hyd i ffynhonnell newydd o ddŵr yfed er mwyn osgoi epidemigau mawr o afiechydon oedd yn lledu trwy'r dŵr fel teiffoid a cholera.

Y ddau ddyn allweddol yn y prosiect yma oedd Joseph Chamberlain, Maer Birmingham, a James Mansergh, prif beiriannydd Corfforaeth Birmingham. Roedd Mansergh eisoes wedi clustnodi Cymoedd Elan a Chlaerwen fel lleoliadau posibl ar gyfer storio dŵr.

Y tri phrif reswm dros ddewis y cymoedd hyn oedd:

- Am fod yr ardal yn cael 1836mm o law y flwyddyn ar gyfartaledd o gymharu â 665mm yn Birmingham

- Dyffryn cul o garreg laid anhydraidd oedd hi a fyddai'n atal y dŵr rhag dianc trwy hydoddi

- Eu bod ar dir uwch na Birmingham

Pasiwyd Deddf Seneddol ym 1892 er mwyn caniatáu i'r Gorfforaeth brynu dalgylchoedd y ddau gwm yn orfodol, sef 72 milltir sgwâr (180 km²). Dechreuodd y gwaith y flwyddyn ganlynol, sef 1893. Cafodd bron i 300 o drigolion y cymoedd, yr oedd y mwyafrif ohonynt yn ffermwyr-denantiaid, eu symud o'u hanfodd, a dim ond dau o'r perchnogion tir gafodd iawndal. Cafodd dros 60 o adeiladau, gan gynnwys tri phlasty, 18 fferm, ysgol ac eglwys eu dymchwel. Ceisiodd y Gorfforaeth ailddefnyddio cymaint â phosibl o'r deunyddiau adeiladu, ac ailadeiladwyd Eglwys Nantgwyllt draw wrth lan y dŵr.

Daeth y gweithwyr o bob rhan o'r Deyrnas Unedig, a hyd yn oed mor bell i ffwrdd â rhannau o Affrica ac India. Arhosodd rhai o'r teuluoedd oedd wedi cael eu gorfodi i adael eu cartrefi yn yr ardal i weithio ar yr argaeau, ond symudodd eraill i ffwrdd. Er i'r rhan fwyaf ohonynt aros yng Nghymru, teithiodd eraill dramor i Awstralia ac America.

Gyferbyn, top:
Darlun Eustace Tickell, Prif Beiriannydd argae Pen y Garreg, o Ddyffryn Nantgwyllt.

Chwith: Pentref Elan. Cafodd y tai yma eu dymchwel ar ôl gorffen y cynllun. Yn eu lle, adeiladwyd tai cerrig i gartrefu'r gweithwyr oedd yn cynnal yr argaeau ac unrhyw bwysigion oedd yn dod i ymweld. Mae'r tai yma'n dal i sefyll heddiw.

Y craen stêm ar draws Pen y Garreg. Mae'r traciau o flaen y craen bellach yn rhan o Lwybr Cwm Elan (gweler tudalen 25).

Rhannwyd y gwaith o adeiladu'r argaeau'n ddau gam. Y cam cyntaf oedd adeiladu argaeau Cwm Elan a sylfeini argae Dol y Mynach yng Nghwm Claerwen, am fod yna fwriad i foddi'r safle hwnnw yn sgil adeiladu Caban Coch.

Cyn i'r gwaith i adeiladu'r argaeau ddechrau, dechreuodd gwaith i adeiladu rheilffordd a fyddai'n ymestyn dros 33 milltir erbyn y diwedd. Byddai'r rheilffordd yn rhedeg o Raeadr Gwy i Graig Goch yn y pen draw. Pan fyddai'n cyrraedd safle un o'r argaeau, byddai gwaith yn dechrau ar yr argae yna, a'r gwaith ar y rheilffordd yn parhau i fyny'r cwm, nes i'r argaeau o Gaban Coch yr holl ffordd i Graig Goch gael eu hadeiladu.

Rheilffordd lled safonol oedd hi, oedd yn mesur 4' 8.5" ar draws, yr un lled â threnau modern. Roedd hi'n rhedeg ar draws wyneb Caban Coch hefyd, a byddai craen stêm yn mynd yn ôl ac ymlaen ar draws Pen y Garreg. Roedd ail linell rheilffordd yn rhedeg i Ddol y Mynach. Gallwch weld cadwyni a phwlis gwreiddiol y gweithdy sy'n dal i fod yn eu lle yn y neuadd arddangos a'r siop yn y Ganolfan Ymwelwyr.

Llwybr Cwm Elan yw'r rheilffordd bellach, sef llwybr amlddefnydd naw milltir o hyd sy'n boblogaidd dros ben gyda cherddwyr a beicwyr (gweler tudalen 25).

Roedd cerrig lleol ond yn addas i'w defnyddio'r tu fewn i'r argaeau yn gymysg â math o goncrit cynnar. 'Amryfeini' neu 'globynfeini' oedd yr enw ar y blociau mawr yma. Tywodfaen a gafodd ei gludo i fyny o Forgannwg a'i naddu â llaw oedd y cerrig wyneb.

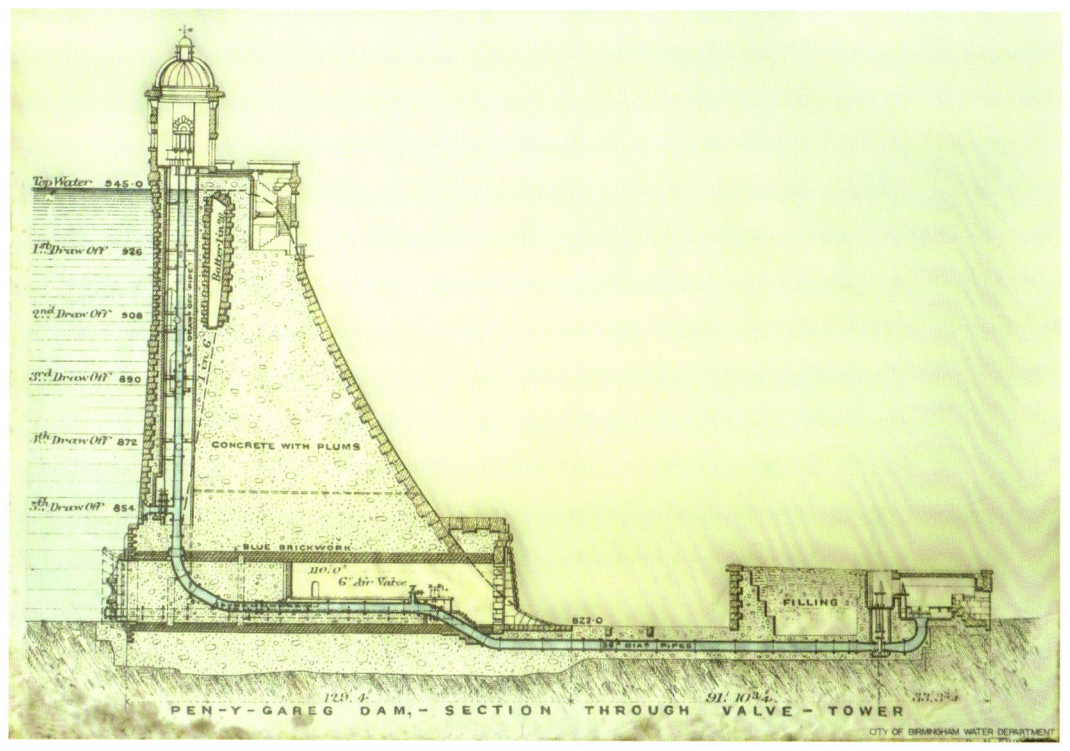

Cynlluniau Pen y Garreg. Sylwch ar y 'concrit ag amryfeini' ar ganol yr argae.

Gweithlu'r Pentref

Pasiodd 50,000 o ddynion trwy lyfrau'r gwaith yn ystod cam cyntaf y cynllun. Ar ei anterth, byddai 5,000 o ddynion yn gweithio ar y prosiect ar unrhyw adeg benodol. Crëwyd pentref yr ochr draw i afon Elan â llety i 1,500 o bobl. Cyn mynd i'r pentref, byddai angen i'r gweithwyr dreulio'r noson yn y tŷ cysgu, lle byddent yn cael eu harchwilio gan y meddyg a'u profi am afiechydon heintus. Ar ôl profi eu bod nhw'n iach, gallent fynd i mewn i'r pentref a dechrau gwaith.

CITY OF BIRMINGHAM WATER DEPARTMENT.
ELAN VILLAGE.

BATH & WASH-HOUSE

THE BATH AND WASH-HOUSE
WILL BE
OPENED ON MONDAY, AUGUST 12, 1895.

THE HOURS WILL BE—

FOR MEN:— TUESDAYS   6 p.m. to 9 p.m.
FRIDAYS   6 p.m. to 9 p.m.
SATURDAYS   1 p.m. to 9 p.m.
SUNDAYS

FOR WOMEN:— WEDNESDAYS 2 p.m. to 5 p.m.

THE CHARGES WILL BE—

FOR A BATH—1st CLASS — — **3d.**
Including a Cake of Soap and the use of Two Towels.

FOR A BATH—2nd CLASS — — **2d.**
Including a Cake of Soap and the use of One Towel.

FOR LAVATORY — — — — **1d.**
Including use of Soap and Towel.

By order of the Water Committee.

G. N. YOURDI,
RESIDENT ENGINEER.

31st JULY, 1895.

Gyferbyn: Poster ar gyfer baddondy Pentref Elan.

De: Trên yn mynd i lawr y llif o Gyffordd Penbont ger pen cronfa ddŵr y Garreg Ddu.

Roedd y pentref yn fodern am y cyfnod gyda thrydan o argae bach cyfagos (gweler Nant y Gro dros y ddalen). Roedd yna ddau ysbyty: y naill am afiechydon heintus, a'r llall am anafiadau. Roedd gan y gweithwyr eu fersiwn eu hunain o'r GIG, gyda swm bach yn cael ei godi o'u cyflog bob wythnos i dalu am eu gofal. Roedd yna orsaf heddlu, gorsaf dân, ystafell hamdden, llyfrgell, tafarn, siop, cantîn a baddondy hefyd.

Roedd y dynion yn cael ymolchi yn y baddondy bedair gwaith yr wythnos, ond dim ond am tair awr ar brynhawn Mercher y câi'r menywod ymdrochi.

George Yourdi, gŵr o dras Roegaidd a Gwyddelig oedd yn rhedeg y pentref, a fe hefyd oedd peiriannydd preswyl argaeau Cwm Elan. Cyflogodd swyddog i rwystro pobl rhag dod ag alcohol i'r pentref yn anghyfreithlon, ac i atal neb rhag dod i mewn heb y gwaith papur priodol.

Dim ond y dynion câi fynd i'r dafarn, a oedd yn gwerthu cwrw gwan yn unig. Petai unrhyw argoel o feddwi, câi'r dynion eu troi allan yn y fan a'r lle ac ni châi'r menywod groesi'r trothwy o gwbl.

Roedd yna bompren fach ar dir preifat ym mhen pellaf y pentref a oedd yn arwain at Westy Cwm Elan, lle nad oedd yr un cyfyngiadau'n gweithredu.

Yn y pentref, byddai dynion dibriod yn byw mewn tai teras fesul criw o wyth, ynghyd â phâr priod a'u teulu. Cytiau pren oedden nhw'n bennaf, gyda gorchudd o dar i'w hamddiffyn rhag y tywydd. Byddai bwcedi'n hongian y tu allan i bob drws, ac adeiladwyd waliau brics rhwng y gwahanol resi o dai er mwyn atal tân rhag lledu.

Roedd yna ysgol i blant hyd at 11 oed. Ar ôl hynny, byddai'r bechgyn yn mynd i weithio ar yr argaeau, a'r merched yn helpu gyda thasgau domestig yn y pentref.

Byddai labrwr cyffredin, neu nafi, yn gweithio 60 awr yr wythnos am 4c yr awr, oedd yn gymharol hael ar y pryd. Byddai gweithwyr mwy medrus yn ennill mwy. Pan fyddai dyn yn marw ar y cynllun, câi ei wraig dri mis o gyflog a llety cyn cael ei throi allan o'r pentref, a'r gweithdy fyddai'r unig ddewis iddi wedyn yn amlach na pheidio.

Nant y Gro

Chwith: Nant y Gro yn ystod y profion.

De: Caban Coch yn gorlifo.

Nant y Gro oedd yr argae cyntaf i gael ei gwblhau: argae bach 11m o uchder oedd hwn ac roedd yn darparu dŵr a thrydan Pentref Elan. Ar ôl cwblhau cam un, bu Nant y Gro'n segur nes i Barnes Wallis gael y syniad o greu bom adlamol.

Am fod Nant y Gro union $1/5$ main argae Möhne yn nyffryn Ruhr (un o'r targedau dethol) ac mewn man mor anghysbell, penderfynwyd taw hwn oedd y lle perffaith i brofi'r bom yn gyfrinachol. Dinistriwyd Nant y Gro wrth i Barnes Wallis brofi lefel y llwyth oedd ei angen i ffrwydro'r argae, ac arweiniodd hyn at gyrch llwyddiannus Chwalwyr yr Argae.

Dŵr Digolledu

Er bod 300 miliwn litr o ddŵr yn mynd i Birmingham bob dydd, rhaid rhyddhau rhywfaint o ddŵr at ddibenion yr ardal leol hefyd. Am fod afon Elan yn un o isafonydd afon Gwy, pan brynodd Corfforaeth Birmingham Ystâd Elan, fe'i gwnaed yn gyfraith fod angen i afon Elan gael ei hategu gan ddŵr o waelod Caban Coch. Mae'r dŵr digolledu yma'n amrywio o 65 i 95 megalitr (miliwn litr) y dydd dan amodau arferol, i gannoedd o fegalitrau dros fisoedd yr haf neu mewn cyfnodau o sychder.

Y Garreg Ddu gyda Thŷ Cwm Elan yn y dyffryn y tu ôl iddi, a'r rheilffordd yn y gornel uchaf ar y dde.

Y Garreg Ddu

Argae suddedig yw'r Garreg Ddu, felly dim ond pan fo lefel y dŵr yn isel y mae modd ei weld. Ei brif bwrpas yw dal y dŵr yn ôl i'w godi yn Nhŵr y Foel.

Byddai angen pympiau i godi'r dŵr yng Nghaban Coch, ond am fod Tŵr y Foel 52m yn uwch na Chronfa Ddŵr Frankley yn Birmingham, mae'r dŵr yn gallu teithio i Birmingham dan rym disgyrchiant yn unig. Mae'n cymryd tri diwrnod i gyrraedd pen ei daith. Yn

Gyferbyn: Adeiladu dyfrbont Cwm Elan sydd 72 milltir o hyd.

gyntaf, mae'n teithio milltir trwy'r bryn i Weithfeydd Trin Dŵr Severn Trent, lle mae'n cael ei hidlo, a lle mae powdr calch yn cael ei ychwanegu ato i wrthbwyso asidrwydd y dŵr cyn iddo barhau ar ei siwrnai.

Mae dyfrbont Elan (de) yn rhedeg o Dŵr y Foel i Gronfa Ddŵr Frankley. Cyfrinach fawr yw llwybr y dyfrbont, ond mae hi'n rhedeg o dan y ddaear.

Pen y Garreg

Pen y Garreg yw'r unig argae â choridor cul sy'n rhedeg islaw pen yr argae â ffenestri sy'n edrych i lawr y llif. Treuliodd y prif beiriannydd, Eustace Tickell y naw mlynedd y cymerodd hi i adeiladu'r argae yn byw gerllaw gyda'i deulu a nifer o beirianwyr eraill. Oherwydd ei ddyluniad, hwn yw'r unig argae y gallwn ei agor i'r cyhoedd (gweler tudalen 27).

Agor y Cam Cyntaf

Agorodd y Brenin Edward VII a'r Frenhines Alexandra'r cynllun yn swyddogol yng Nghraig Goch ym mis Gorffennaf 1904 (de). Chwe miliwn o bunnoedd (dros £850 miliwn o bunnoedd yn arian heddiw) oedd cost y cynllun cyfan.

Uchod: Craig Goch Gyferbyn: Pen y Garreg. Gellir mynd i'r tŵr canolog a'r platfform ar Ddiwrnodau Agored yr Argae (gweler tudalen 24). © Hawlfraint y Goron Crown copyright (2022) Cymru Wales.

Cam Dau

Ail Gam y cynllun oedd cwblhau Dol y Mynach ac adeiladu dau argae arall yng Nghwm Claerwen. Ond cafodd yr ail gam yma ei ohirio yn sgil y Rhyfel Byd Cyntaf, y Dirwasgiad Mawr ac wedyn yr Ail Ryfel Byd. Erbyn dechrau'r gwaith roedd y dechnoleg wedi datblygu digon i adeiladu un argae mwy o lawer o goncrit solet. Dechreuodd y gwaith ym 1946 gyda gweithlu o 470 o ddynion. Gosodwyd wyneb carreg ar y tu allan i'r argae er mwyn iddo asio i'r argaeau o Oes Fictoria. Seiri maen Eidalaidd wnaeth hyn, am fod y seiri maen lleol i ffwrdd yn Llundain yn gweithio i adfer yr adeiladau oedd wedi cael ei difrodi yn ystod y rhyfel. Agorodd y Frenhines Elizabeth II Claerwen ym mis Hydref 1952.

Chwith: Y Frenhines Elizabeth II yn agor Claerwen ar ei hachlysur cyntaf yng Nghymru fel Brenhines.

Isod: Y Garreg Ddu, Tŵr y Foel a swigod o'r twnnel sy'n dod o Ddol y Mynach.

Uchod: Dol y Mynach, yr argae anorffenedig.

Er ei fod yn anorffenedig, mae Dol y Mynach yn dal i chwarae rôl hanfodol wrth sicrhau bod dŵr ar gael i ddinas Birmingham bob amser. Pan fo lefelau'r dŵr yn ddigon isel i weld y Garreg Ddu, nid yw'r dŵr yn gallu llifo'n naturiol o Gwm Claerwen i gronfa'r Garreg Ddu a Thŵr y Foel. Mae twnnel yn rhedeg yr holl ffordd o'r tŵr bach wrth ymyl Dol y Mynach trwy'r bryn ac i mewn i gronfa ddŵr y Garreg Ddu, ychydig bach i fyny'r llif o'r Garreg Ddu gyferbyn â Thŵr y Foel. Felly gellir cludo dŵr i fyny o Ddol y Mynach er mwyn sicrhau bod digon o ddŵr yn y Garreg Ddu bob amser. Yn haf 2022, roedd swigod mawr i'w gweld yn y gronfa ddŵr – dŵr yn dod allan o'r twnnel oedd yn achosi hyn.

Yr Argae Segur

Dechrau'r 1970au, cynigiwyd adeiladu argae mawr newydd y tu ôl i'r Graig Goch. Byddai hyn wedi creu cronfa fwy o lawer (â thua 2.4 gwaith yn fwy o gapasiti storio), ond byddai wedi boddi pedwar fferm, y ffordd ac ymestyn i mewn i Gwm Ystwyth. Rhoddwyd y gorau i'r cynigion hyn yn sgil gwell ymwybyddiaeth amgylcheddol a newid yn y llywodraeth.

YSTADEGAU'R ARGAEAU

	Uchder yr argae (m)	Hyd yr argae (m)	Arwynebedd y gronfa (hectarau)	Cyfaint (mega-litrau)
Claerwen	56	355	263	48,694
Craig Goch	36	156	88	9,220
Pen y Garreg	37	161	50	6,055
Caban Coch (gyda'r Garreg Ddu)	37	186	202	35,530

Hydrodrydan

Ers 1997, mae'r holl argaeau cyflawn wedi bod yn cynhyrchu hydrodrydan, gan gynhyrchu hyd at 3.9 megawatt o allbwn ynni (digon i bweru 6,000 - 10,000 o gartrefi). Mae Caban Coch wedi bod yn cynhyrchu ynni hydro ers adeiladu'r argaeau, a dyma'r ynni oedd yn pweru'r pentref.

Mae cebl 11,000 folt danddaear 12km o hyd yn cysylltu'r safleoedd gan ddod i ben yng Nghaban Coch. Mae cebl danddaear arall yn cludo ynni i Raeadr Gwy ac i'r Grid Cenedlaethol.

Chwith: Claerwen yn gorlifo.

DAEAREG A GEOMORFFOLEG

Ffurfiodd y rhan fwyaf o'r graig yn Ystâd Elan 445-433 miliwn o flynyddoedd yn ôl yn ystod y cyfnodau Ordofigaidd a Silwraidd. Ffurfiodd y graig dan geryntau tyrfedd (tirlithriadau danddaear), wrth i silt a llaid gronynnog mân setlo ar lawr y cefnfor. Dros amser, cywasgodd y gronynnau mân ynghyd o dan bwysedd gan ffurfio creigiau gwaddod.

Y math arall o graig sy'n doreithiog yn y cwm yw clymfaen, a ffurfiwyd wrth i gerrig crwn a chreigiau o wahanol feintiau asio at ei gilydd mewn afon neu fôr.

Mwyngloddio

Roedd pedwar mwynglawdd yng Nghwm Elan, tri ohonynt yng Nghwm Claerwen ac un ger y Garreg Ddu yng Nghwm Elan. Mwyngloddiwyd copr a phlwm trwy ddwy siafft yn Nant y Car ym 1853, ond caeodd y mwynglawdd ym 1883. Roedd copr a phlwm yn cael eu mwyngloddio yn Nalrhiw hefyd, a gweithiwyd y mwynglawdd yma rhwng 1850 a 1867. Plwm yn unig oedd yn cael ei fwyngloddio yn Nantygarw, ac fe'i gweithiwyd rhwng 1877 a 1899.

Mwynglawdd Cwm Elan oedd yr unig fwynglawdd yng Nghwm Elan. Mr Thomas Grove o Dŷ Cwm Elan oedd yn berchen arno ac yn ei weithio (ac roedd yn digwydd bod yn ewythr i Percy Bysshe Shelley hefyd). Bu'r mwynglawdd plwm a sinc yma'n gweithredu rhwng 1796 a 1877. Daeth yr holl waith mwyngloddio i ben pan brynodd Corfforaeth Birmingham yr ystâd fel na fyddai'n llygru'r ardal.

Uchod: Pont ar Elan yn y gaeaf.

YR WYBREN DYWYLL

Yn 2015, diolch i ansawdd neilltuol ein golygfeydd o sêr y nos a'r bywyd gwyllt nosol, enwyd Ystâd Elan yn Barc Wybren Dywyll Rhyngwladol, a hi oedd y safle cyntaf sydd mewn perchnogaeth breifat ac sy'n agored i'r cyhoedd yn y byd i ennill y fath statws. Rydyn ni'n gweithio i leihau llygredd golau, gwella ein gwybodaeth, a sicrhau bod unrhyw seilwaith newydd yn cyflawni'r safonau cymeradwy i gynnal a gwella ansawdd ein hwybren dywyll.

NATUR A BYWYD GWYLLT

Wrth amddiffyn y cyflenwad dŵr, mae byd natur yn cael ei amddiffyn yn ofalus ar Ystâd Elan. Mae'r ystâd yn cynnwys 12 Safle o Ddiddordeb Gwyddonol Arbennig (SoDdGA) ynghyd ag Ardal Amddiffyniad Arbennig Elenydd-Mallaen.

Adar

Cofnodwyd o leiaf 179 o wahanol rywogaethau o adar, gan gynnwys sawl rhywogaeth o adar sydd ar y rhestr goch.

Mae Coedwig y Cnwch, ar ochr ddeheuol afon Elan gyferbyn â'r Ganolfan Ymwelwyr, yn gweld amrywiaeth o adar - o'r siglen lwyd i'r trochwr. Mae Coedwig Penbont yn lle da arall i weld y telor a'r tingoch.

Am fod y prif gronfeydd dŵr yn oer ac yn ddwfn a'u hymylon yn serth, ychydig iawn sy'n gallu byw ynddynt. Mae cronfa ddŵr Dol y Mynach yn fwy bas, ac felly mae'n gyfoethocach o ran planhigion a phryfed. Mae'r adar nodedig yn cynnwys yr wyach fawr gopog, yr hwyaden lygad aur, ac mae pibydd y traeth yn ymweld yn achlysurol hefyd.

Uchod, yn glocwedd: Tinsigl brith; gwennol, hwyaden llygad aur.

Gyferbyn: Craig Goch liw nos. Mae'r ystâd yn fyd-enwog am ei wybren dywyll. © Ian Collins.

Mae'r afonydd eu hunain yn weddol asidig ac mae lefelau'r dŵr yn amrywio wrth i'r dŵr gael ei ryddhau o'r argaeau, felly nifer gyfyngedig o rywogaethau yn unig sydd i'w gweld ynddynt.

Gweundir tir uchel wedi ei orchuddio gan laswellt y gweundir yw'r rhan fwyaf o Ystâd Elan, ac mae'r ehedydd a chorehedydd y waun yn gyffredin yno.

Mae amrywiaeth o adar ysglyfaethus ar Ystâd Elan, gan gynnwys bwncathod cyffredin a sawl rhywogaeth o dylluan, gan gynnwys y dylluan frech, y dylluan wen a'r dylluan glustiog. Mae'r hebog tramor, y cudyll glas, y cudydd bach, y bod tinwyn, y gwyddwalch a'r cudyll coch i'w gweld yma hefyd.

Yn y 1980au, ychydig iawn o barau o farcutiaid coch (yn y llun) oedd ar ôl yn bridio. Diolch i ymdrechion mawr i'w cynnal, mae eu niferoedd yn llewyrchu erbyn hyn, ac mae'r barcutiaid coch bellach wedi lledu ar draws Powys ac i mewn i Loegr. Gyda lled adenydd o bron i ddau fetr, mae diet yr adar yma'n amrywio o anifeiliaid celain i biod neu frain ifanc, cwningod a chreaduriaid bychain gan gynnwys llygod y gwair, chwilod a mwydod.

Uchod: Barcud coch.

Mamolion, Creaduriaid Di-asgwrn-cefn ac Ymlusgiaid

Mae dros 20 rhywogaeth o famolion yn Ystâd Elan, ond mae'r rhan fwyaf ohonynt yn swil ac yn dod allan yn y nos, felly anaml iawn y maent yn cael eu gweld. Yn eu plith mae gwiwerod llwyd (does dim gwiwerod coch wedi eu gweld yma ers y 1960au), llwynogod, moch daear, ffwlbartiaid ac aelodau eraill o deulu'r wenci. Mae dyfrgwn yn defnyddio'r afonydd a'r cronfeydd i bysgota am frithyll llwyd. Mae yna gwningod ar draws yr ystâd, ond nid ydynt yn gyffredin oherwydd ysglyfaethu, ac mae ysgyfarnogod brown yn brin iawn, ac nid oes unrhyw ysgyfarnogod mynydd o gwbl yma.

Mae mamolion bychain fel chwistlod, llygod y maes a llygod bach, llygod mawr a llygod y gwair i'w gweld ar draws yr ystâd. Mae chwe gwahanol fath o ystlumod yma sy'n byw mewn amrywiaeth o leoliadau yn dibynnu ar eu diet.

Cofnodwyd saith rhywogaeth ar hugain o loÿnnod byw ar yr ystâd, gan gynnwys y brithribin porffor, a dros 200 rhywogaeth o wyfynod. Gwelwyd dwy ar bymtheg gwahanol fath o weision y neidr a mursennod yma, gan gynnwys gwas y neidr eurdorchog, sef un o'r rhywogaethau mwyaf ym Mhrydain o ran maint.

Mae pedwar o chwe rhywogaeth brodorol Prydain o amffibiaid i'w gweld ar yr ystâd, gan gynnwys brogaod, llyffantod a madfallod dŵr llyfn a phalfog. Mae madfallod a nadredd defaid yma hefyd, ond dim nadredd. Mae nadredd defaid yn bwyta mwydod, gwlithod a malwod, ac mae madfallod yn bwyta pryfed a chreaduriaid di-asgwrn-cefn bychain.

Uchod: Glöyn byw y glesyn cyffredin.

Chwith: Llyffant.

Y Fforest Law Geltaidd

Mae Fforestydd Glaw Celtaidd (neu fforestydd glaw tymherus) yn dueddol o fod yn ardaloedd gorllewinol Ynysoedd Prydain lle mae'r hinsawdd yn dod â gaeafau mwyn, hafau gweddol gynnes, awyr iach - a digonedd o law! Ar draws y byd, mae'r fforestydd yma'n brin, a choetiroedd Cwm Elan yw rhai o'r esiamplau gorau yng Nghymru.

Coetiroedd derw Iwerydd yw'r enw arall arnynt, ac mae'r cynefinoedd unigryw yma'n cynnwys coed derw digoes, coed bedw, coed ynn a choed helyg. Mae'r Fforest Law Geltaidd 'nodweddiadol' yn aml yn cynnwys coed hynafol, ceunentydd creigiog a nentydd aflonydd, gyda mwsoglau a chen yn gorchuddio'r coed a llawr y goedwig, ac maent yn ferw o fywyd gwyllt.

Mae Fforestydd Glaw Celtaidd yn cael mwy na 200 diwrnod o law y flwyddyn fel rheol, sy'n creu amodau iraid sy'n berffaith ar gyfer planhigion prin, cen a ffwng, yn ogystal ag adar prin a mamolion. Mae gan fforestydd glaw Cwm Elan dros 200 o wahanol rywogaethau o bryoffytau a 100-200 rhywogaeth o gen. Y rhywogaeth fwyaf cyfarwydd efallai yw clustiau'r dderw (lobaria pulmonaria), cen mawr a deiliog a elwir yn 'ysgyfaint y goedwig'.

Uchod ac isod: Coeden dderw ddigoes Iwerydd ger Pen y Garreg. Mae'r coed yma o bwys cenedlaethol am eu bod mor brin ac am eu bod yn cynnal amrywiaeth o blanhigion is fel mwsoglau a chen. Credir bod coeden dderw aeddfed yn gallu cynnal dros 400 o rywogaethau o blanhigion, pryfed, adar a chreaduriaid eraill. Mae adar mudol fel y gwybedog cefnddu, telor y coed, a'r tingoch yn ffynnu yn y Fforestydd Glaw Celtaidd lle mae cyfoeth o bryfed.

YMWELD Â CHWM ELAN

Y **Ganolfan Ymwelwyr** yw'r lle delfrydol i ddechrau eich antur yn Elan. Mae hi ar agor pob dydd heblaw Dydd Nadolig.

Y Ganolfan Ymwelwyr

- **Desg Gymorth** – codwch fap neu lwybr cerdded, neu holwch ein staff gwybodus
- **Caffi**
- **Caffi Coffi Cyflym** am fyrbrydau a diodydd
- **Siop Anrhegion** – mae'r Ganolfan Ymwelwyr yn Hyrwyddwr Cynnyrch Lleol Mynyddoedd Cambria
- **Neuadd Arddangos** – gan gynnwys ffilm o'r profion yn Nant y Gro
- **Toiledau a chyfleusterau hygyrch**
- **Wi-fi am ddim**
- **Llogi Beics** – Beics Mynydd, E-feics, beics plant a threlars
- **Llogi ystafelloedd a gweithgareddau datblygu tîm**
- **Teithiau gyda'r Gofalwyr** - gweler t.27
- **Maes Chwarae Antur**
- **Croeso i gŵn ym mhob man** (ac eithrio'r maes chwarae)
- **Parcio i geir a bysys** (mae tâl bach yn cwmpasu holl feysydd parcio'r ystâd, drwy'r dydd, a gall ymwelwyr rheolaidd brynu pas parcio blynyddol)
- **Pwyntiau Gwefru Cerbydau Trydan**
- **Hawlenni Pysgota**
- **Gwe-gamera sy'n wynebu Caban Coch**

Gwiriwch yr oriau agor ar lein yn elan-valley.co.uk/cy

Digwyddiadau

Rydyn ni'n cynnal amrywiaeth o ddigwyddiadau trwy gydol y flwyddyn, yn arbennig yn ystod gwyliau ysgol. Rydyn ni'n cynnig llwybrau Pasg a Nadolig sy'n addas i bawb yng Nghoedwig y Cnwch.

Ein digwyddiad mwyaf poblogaidd yw **Diwrnodau Agored yr Argae**, pan rydyn ni'n agor argae Pen y Garreg i'r cyhoedd. Mae'r profiad cyffrous yma'n un bendigedig i unrhyw un sydd â diddordeb yn adeiladwaith a hanes yr argaeau, ac sydd am fynd y tu fewn i un ohonyn nhw. Bydd ein gofalwyr gwybodus wrth law i ateb unrhyw gwestiynau sydd gennych yn ystod eich ymweliad.

Ewch i **elan-valley.co.uk/cy/events** am fanylion neu i gadw lle.

Mae yna dri llwybr sy'n amrywio o ran anhawster yng Nghlaerwen a Phenbont.

Cerdded

Mae Cwm Elan yn lle poblogaidd dros ben i fynd am dro gydag amrywiaeth eang o lwybrau – mae yna rywbeth at ddant pawb!

Mae gennym daflenni ar gyfer 12 o deithiau cerdded sy'n addas i deuluoedd yn y siop anrhegion. Mae teithiau hirach, wedi eu llunio gan Gymdeithas y Cerddwyr, ar gael i gerddwyr mwy profiadol hefyd. Mae'r rhain ar gael fesul pecyn neu'n unigol.

Teithiau Cerdded i Deuluoedd

- **Llwybr Cwm Elan**
- Tair taith gerdded o gwmpas **Coedwig y Cnwch** (hawdd, cymedrol ac anodd). Mae'r llwybr coch (anodd) yn mynd trwy warchodfa **Cwm yr Esgob** yr RSPB
- Mae'r llwybrau hawdd a chymedrol yn dechrau ym maes parcio **Penbont**
- **Cylch y Garreg Ddu**
- Tair taith gerdded o faes parcio **Claerwen** (hawdd, cymedrol ac anodd).
- **Llwybr Nant y Gro** – i fyny at a heibio i olion Nant y Gro
- **O Gwmpas y Caban** – llwybr cylchol anodd o gwmpas cronfa ddŵr Caban Coch

Adarydda

Os ydych chi'n mwynhau gwylio adar yn dawel bach, ewch i lawr i gronfa ddŵr Dol y Mynach a threulio ychydig o amser yn y guddfan adarydda.

- Gallwch barcio yn y lle parcio ar ochr arall y ffordd i'r gronfa ddŵr.
- Cerddwch nôl ar hyd y ffordd ac ewch trwy'r gât fetel fechan.
- Ewch i lawr y trac a throwch i'r dde ar hyd llwybr bychan. Ymhen tua 50m fe welwch chi'r guddfan adarydda o'ch blaen.
- Gallwch gofnodi beth welwch chi ar ein bwrdd bywyd gwyllt yn y Ganolfan Ymwelwyr.

Uchod: Golygfa o Ddol y Mynach o'r daith o Gwmpas y Caban.

Top: Craig Goch a chennin Pedr yn y gwanwyn.

Teithiau

Ymunwch â'r gofalwyr ar daith y tu fewn i Ben y Garreg a dysgwch am y campwaith peirianyddol a wnaeth Cwm Elan yn lle mor anhygoel heddiw. Y ffordd berffaith o ddathlu pen-blwydd neu wneud eich gwyliau'n fwy arbennig byth.

Fel arall, os ydych chi'n dod ar daith fws, gall gofalwr ddod ar y bws gyda chi a chynnig sylwebaeth am 90 munud eich siwrnai o gwmpas Cwm Elan. Mae hyn yn gallu cynnwys ymweliad y tu fewn i argae Pen y Garreg hefyd.

Gellir trefnu ymweliadau ysgol thematig trwy gysylltu â'r gofalwyr yn rangers.elan@dwrcymru.com.

Pysgota

Caniateir pysgota â phlu o'r lan â hawlen yn unig. Gallwch gael hawlenni o'r gymdeithas bysgota leol yn Hafod Hardware yn Rhaeadr Gwy, neu o'r ddesg gymorth yn y Ganolfan Ymwelwyr. Gallwch gael hawlen ar gyfer cronfeydd dŵr unigol neu i gwmpasu'r ystâd i gyd, am un diwrnod neu am flwyddyn gyfan.

Beicio

Mae beicio'n weithgaredd poblogaidd arall yn Elan. Gallwch logi beics o'n hyb beicio (argymhellir bwcio ymlaen llaw trwy gydol y flwyddyn) neu ddod â'ch beic eich hun. Mae stondinau cadw beics o flaen y Ganolfan Ymwelwyr i chi ddiogelu eich beic.

Mae Llwybr Cwm Elan yn berffaith i deuluoedd – am ei fod yn dilyn yr hen reilffordd i'r Graig Goch, mae'r rhan fwyaf o'r daith yn wastad.

I'r beicwyr mwy anturus a phrofiadol, mae dau lwybr sgiliau disgyn cwta filltir o'r Ganolfan Ymwelwyr uwchben Eglwys Nantgwyllt. Mae llwybr glas 1.5km o hyd a llwybr coch 1km i'w mwynhau.

Am lwybr beicio mynydd hirach, rhowch gynnig ar lwybr coch Ceidwad Coch, sy'n cynnwys golygfeydd godidog dros gronfa ddŵr Caban Coch, Dol y Mynach a chilffordd suddedig Claerwen, cyn dychwelyd dros y bryn i'r llwybrau llifo ac yn ôl i'r Ganolfan Ymwelwyr.

Mae'r holl lwybrau hyn wedi eu marcio. Dylid nodi nad oes yna signal ffôn heibio i'r Ganolfan Ymwelwyr.

COD YMDDYGIAD

Cymrwch ofal

- Byddwch yn barod am newid sydyn yn y tywydd: dewch â dillad cynnes a dwrglos, esgidiau cadarn a bwyd a diod.
- Dim nofio, canŵio na chychod.
- Wrth feicio, marchogaeth neu yrru, cadwch at yr hawliau tramwy penodol.
- Caewch yr holl gatiau ar eich ôl.
- Cadwch gŵn ar dennyn neu dan reolaeth agos tynn.

Gofalwch am ein hamgylchedd

- Amddiffynnwch y dŵr a'n tirwedd trwy beidio â'u llygru a thrwy fynd â'ch sbwriel adref gyda chi.
- Peidiwch â chynnau tân a gofalwch rhag unrhyw risg o dân.
- Gadewch yr holl blanhigion ac anifeiliaid i bobl eraill eu mwynhau.
- Peidiwch â physgota heb drwydded.
- Dim parcio dros nos na gwersylla.
- Dilynwch y cod dronau.

MEWN ARGYFWNG FFONIWCH 999

GOFYNNWCH AM YR HEDDLU - Y TÎM ACHUB MYNYDD

Mae'r signal ffôn poced yn wan iawn yn yr ardal hon a dim ond ar ben y bryniau ac wrth Gaban Coch y cewch chi unrhyw fath o signal.

CODE OF CONDUCT

Look after yourselves

- Be prepared for sudden weather changes: have warm, waterproof clothing, stout footwear and food and drink
- No swimming, canoeing or boating
- If cycling, horse-riding or driving, keep strictly to the designated rights of way
- Close all gates after you
- Keep dogs on leads or under strict close control

Look after our environment

- Protect the water and our landscape by not polluting and taking your rubbish home
- Do not light fires and guard against all risk of fire
- Leave all plants and animals for others to enjoy
- Only fish if you have the correct permit
- No overnight parking or camping
- Follow the drone code

IN AN EMERGENCY CALL 999

ASK FOR POLICE – MOUNTAIN RESCUE

Mobile signal is very poor in this area and only available on top of the hills and by Caban Coch.

Cycling

Cycling is another popular pastime at Elan. You can hire bikes from our bike hub (prebooking advised throughout the year) or bring your own. There are bike racks around the front of the Visitor Centre for you to secure your bikes.

The Elan Valley Trail is perfect for families, as it follows the old railway line to Craig Goch, so is mostly flat.

For the more adventurous and experienced, there are two downhill skills trails one mile from the Visitor Centre above Nantgwyllt Church. There is a 1.5km blue route and 1km red route to be enjoyed.

For a longer mountain bike route, try our Ceidwad Coch red route, which takes in fantastic views above Caban Coch reservoir, Dol y Mynach and the Claerwen sunken byway, before returning over the hill to the flow trails and back to the Visitor Centre.

These routes are all waymarked. Please note that there is **no phone reception** past the Visitor Centre.

Tours

Join the rangers on a tour inside Pen y Garreg and learn about the massive feat of engineering that made the Elan Valley the spectacular place it is today. A perfect treat for a birthday or to make your holiday extra special.

Alternatively, for a coach party, a ranger can board your coach and give a commentary for the 90 minutes that it takes to drive around the Elan Valley. This can also include going inside Pen y Garreg dam.

Bespoke school visits are also available by getting in contact with the rangers at rangers.elan@dwrcymru.com.

Fishing

Fly fishing is allowed from the banks by permit only. Permits can be gained from the local angling association in Hafod Hardware in Rhayader, or from the information desk at the Visitor Centre. They can be for individual reservoirs or the whole estate; an individual day or the whole year.

Birdwatching

If you enjoy the tranquility of birdwatching, walk down to Dol y Mynach reservoir and spend some time in the bird hide.

- Parking can be found in a layby on the opposite side of the road to the reservoir.

- Walk back along the road for a short distance and go through a small metal pedestrian gate.

- Walk down the track and turn right along a small path. After approx. 50m the bird hide is ahead of you.

- You can write up what you see on our wildlife sighting board in the Visitor Centre.

Above: View of Dol y Mynach from the **Around Caban** walk.

Top: Craig Goch and daffodils in the Spring.

There are three waymarked walks of varying difficulty at both Claerwen and Penbont.

Walking

Walking is a very popular activity in the Elan Valley, with a great range of walks so there's something suitable for everyone!

We have walking leaflets for 12 family-friendly, waymarked walks available at the gift shop. Longer walks for the more experienced, designed by the Ramblers' Association, are also available. These are available in a pack or individually.

Family-friendly walks

- **Elan Valley Trail**

- Three walks around **Cnwch Woods** (easy, moderate and hard). The red (hard) walk goes through the RSPB reserve **Cwm yr Esgob**

- Easy and moderate walks from **Penbont** car park

- **Garreg Ddu** loop

- Three walks from **Claerwen** car park (easy, moderate and hard).

- **Nant y Gro** walk up to and past the remains of Nant y Gro

- **Around Caban** a hard circular walk around Caban Coch reservoir

The Visitor Centre

- **Information Desk** – pick up a map or walking route, or ask our knowledgeable staff
- **Café**
- **'Grab and Go'** for snacks and drinks
- **Gift Shop** – the Visitor Centre is a Cambrian Mountains Local Produce Champion
- **Exhibition Hall** – including footage of the trials at Nant y Gro
- **Toilets and accessible facilities**
- **Free wifi**
- **Bike Hire** – MTB, E-bikes, child bikes and trailers
- **Room hire and team building activities**
- **Ranger Tours** – see p27
- **Adventure Playground**
- **Dog friendly in all areas** (excluding the playground)
- **Car and coach parking** (a small charge covers the whole of the estate's car parks, all day, and regular visitors may purchase an annual parking pass)
- **Electric Charging Points**
- **Fishing Permits**
- **Webcam facing Caban Coch**

Please check online for the opening times at **elan-valley.co.uk**

Events

We run a range of events through the year, particularly during school holidays. Easter or Christmas trails suitable for everyone can be found in Cnwch Woods.

Our most popular event is **Dam Open Day**, when we open Pen y Garreg dam to the public. This exciting experience is fantastic for anyone who is interested in the building and history of the dams, and who wants to walk inside one. Our knowledgeable rangers are on hand to answer any questions you might have while there.

Please go to **elan-valley.co.uk/events** for more information or to book.

VISITING ELAN VALLEY

The **Visitor Centre** is the perfect place to start your adventure in Elan. It is open every day apart from Christmas Day.

Celtic Rainforests

Celtic Rainforests (or temperate rainforests) are mainly found in western parts of the British Isles where the climate has mild winters, not-too-hot summers, clean air – and plenty of rain! They are globally rare and the Elan Valley woodlands have some of the best examples in Wales.

Otherwise known as Atlantic oak woodlands, these unique habitats are primarily made up of ancient sessile oak, birch, ash and hazel. A 'typical' Celtic Rainforest often features ancient trees, rocky gorges and tumbling streams, mosses and lichens covering the trees and forest floor and amazing wildlife.

Celtic Rainforests usually receive more than 200 days of rain a year, making lush conditions perfect for scarce plants, lichens and fungi, as well as rare birds and mammals. The Elan Valley rainforests have over 200 different species of bryophytes and 100–200 species of lichen. Probably the most recognisable is tree lungwort (*lobaria pulmonaria*) which is a large, leafy lichen that is known as the 'lungs of the forest'.

Above & below: Atlantic sessile oak near Pen y Garreg. These woods are of national importance due to their scarcity and vast range of lower plants such as mosses and lichens. A mature oak tree is said to be able to support over 400 other species of plants, insects, birds and animals. Migrant birds such as pied flycatcher, wood warbler and redstart thrive in the insect-rich conditions Celtic Rainforests offer.

Mammals, Invertebrates and Reptiles

There are over 20 species of mammal in the Elan Estate, but most are wary, nocturnal and rarely seen. These include grey squirrels (red squirrels haven't been seen since the 1960s), foxes, badgers, polecats and other members of the weasel family. Otters use the rivers and reservoirs to fish for brown trout. Rabbits are widespread but uncommon due to predation, while brown hares are very rare and mountain hares not seen at all.

Small mammals such as shrews, wood and house mice, brown rats and voles occur across the estate. Six different species of bats are found in a variety of locations, depending on their preferred diet.

Twenty-seven species of butterflies have been seen on the estate, including the purple hairstreak and over 200 species of moths have been identified. Seventeen kinds of dragonfly and damselfly have been seen, including one of the largest species in Britain, the golden-ringed dragonfly.

Four of the six native British amphibians are found on the estate, including the common frog, common toad and both smooth and palmate newts. Common lizards and slow worms are also found here, but no snakes. Slow worms eat earthworms, slugs and snails, whereas lizards eat insects and small invertebrates.

© Richard Wheeler

Above: Common blue butterfly.

Left: Common toad.

The rivers themselves are fairly acidic and fluctuate in water levels due to the releasing of water from the dams, so support only a limited number of species.

Most of the Elan Estate is upland moorland, dominated by purple moor-grass, where skylarks and meadow pipits are common.

There are a range of birds of prey on the Elan Estate, including common buzzards and several species of owl, including tawny, barn and short-eared owls. Peregrine falcons, sparrowhawk, merlin, hen harriers, goshawk and kestrels can also be found.

In the 1980s, red kites (pictured) were down to a small number of breeding pairs. Through concerted conservation efforts, their numbers have flourished and red kites have now spread across Powys and into England. With a wing-span of nearly two metres, these birds' diet ranges from carrion to young magpies or crows, rabbits and smaller creatures including voles, beetles and worms.

Above: Red kite.

© David Adams

NATURE & WILDLIFE

By protecting the water supply, the Elan Estate is now heavily protected, covered by 12 Sites of Special Scientific Interest (SSSIs) and the Elenydd-Mallaen Special Protection Area.

Birds

At least 179 different species of birds have been recorded, including several red-listed bird species.

Cnwch Woods, on the south side of the River Elan opposite the Visitor Centre, sees a variety of birds from the grey wagtail to the dipper. Penbont Woods is another opportunity to see warblers and redstarts.

As the main reservoirs are cold, deep and steep-sided, they support very little life. Dol y Mynach reservoir is shallower, and so is much richer in plants and insect life. Notable birds include great crested grebe, goldeneye and occasionally sandpiper.

Above, clockwise: Pied wagtail; swallow; goldeneye.

Opposite: Craig Goch at night. The estate is known internationally for its dark skies. © Ian Collins.

DARK SKIES

In 2015 the Elan Estate became the first privately-owned, publicly-accessible International Dark Sky Park in the world, due to the exceptional quality of our starry nights and nocturnal wildlife. We are working to reduce light pollution, improve our knowledge and ensure that any new infrastructure is to the approved standard to maintain and improve the quality of our starry nights.

GEOLOGY & GEOMORPHOLOGY

Most of the rock in the Elan Estate was formed 445–433 million years ago during the Ordovician and Silurian periods. The rock was formed in turbidity currents (underwater avalanches), as fine-grained silts and muds settling on the ocean floor. Over time, these fine grains compacted together under pressure to form sedimentary rocks.

The other major rock type in the valley is a conglomerate, which was formed by rounded pebbles and other different sizes of rocks fusing together in a river or sea.

© Stella Clifford-Jones

Mining

There were four mines in the Elan Estate, three in the Claerwen Valley and one near Garreg Ddu in the Elan Valley. Copper and lead were mined from two shafts at Nant y Car in 1853, but only survived for a few years, closing in 1883. Dalrhiw also mined copper and lead and was worked from 1850 to 1867. Nantygarw only mined lead and was worked from 1877 to 1899.

Cwm Elan Mine was the only mine in the Elan Valley and was owned and worked by Mr Thomas Grove, of Cwm Elan House (who also happened to be Percy Bysshe Shelley's uncle). It was mined for lead and zinc between 1796 and 1877. Once Birmingham Corporation bought the estate, all mining was stopped so as not to pollute the area.

Above: Pont ar Elan in winter.

DAM STATISTICS

	Welsh meaning	Dam height (m)	Dam length (m)	Reservoir area (hectares)	Capacity (mega-litres)
Claerwen	Clear Light	56	355	263	48,694
Craig Goch	Red Rock	36	156	88	9,220
Pen y Garreg	Top or head of the stone	37	161	50	6,055
Caban Coch (with Garreg Ddu)	Red Cabin (Black Stone)	37	186	202	35,530

Hydropower

Since 1997 there has been hydropower production in all of the completed dams, totalling 3.9 megawatts maximum energy output (approximately 6,000–10,000 homes). Caban Coch has had hydro generation since the building of the dams as it was also used to power the village.

The sites are connected by a 12km 11,000-volt underground cable which stops at Caban Coch. Another underground cable transmits to Rhayader and the National Grid.

Left: Claerwen overflowing.

Above: Dol y Mynach, the half-finished dam.

Despite only being half-built, Dol y Mynach still plays a vital role in ensuring that there is always water available for Birmingham. When the water levels are low enough for Garreg Ddu to be on show, water cannot naturally flow from the Claerwen Valley into Garreg Ddu reservoir and the Foel Tower. A tunnel runs from the small tower next to Dol y Mynach through the hill and into Garreg Ddu reservoir, a short distance upstream of Garreg Ddu opposite to the Foel Tower. Thus, water can be piped from Dol y Mynach to ensure Garreg Ddu reservoir is always topped up. In the summer of 2022, large bubbles could be seen in the reservoir – this was a result of the water emerging from the tunnel.

The Abandoned Dam

In the early 1970s it was proposed to build a new, large dam behind Craig Goch. This would have created a much larger reservoir, (approximately 2.4 times the current total storage) flooding four farms, the road and spilling into the Ystwyth Valley. The proposals were abandoned after increased environmental awareness and a change in government.

Phase Two

Phase Two of the scheme was to complete Dol y Mynach and to build two more dams in the Claerwen Valley. However, this phase was delayed by the First World War, the Great Depression and then the Second World War. After this, the technology had advanced enough to build one, much larger, solid-concrete dam. Work started in 1946 with a workforce of 470 men. The outside of the dam was faced with stone to blend in with the Victorian dams. This was done by Italian stonemasons, as local masons were working in London on buildings damaged by the war. Claerwen was opened in October 1952 by Queen Elizabeth II.

Left Queen Elizabeth II on the opening of Claerwen. This was her first engagement in Wales.

Below: Garreg Ddu, the Foel Tower and bubbles from the tunnel that comes from Dol y Mynach.

Pen y Garreg

Pen y Garreg is the only dam with a narrow corridor running below the crest that has windows looking out on its downstream side. Chief engineer Eustace Tickell lived nearby with his family and a number of other engineers for the nine years it took to build the dam. Due to its design, it's the only dam that we can open to the public (see page 27).

Phase One Opening

In July 1904 the scheme was officially opened by King Edward VII and Queen Alexandra at Craig Goch (right). The whole scheme cost six million pounds (over £850 million pounds in today's money).

Above: Craig Goch. **Opposite:** Pen y Garreg. The central tower and platform is accessed during Dam Open Days (see page 24). © Hawlfraint y Goron Crown copyright (2022) Cymru Wales.

for a mile through the hill to the Severn Trent Water Treatment Works, where it is filtered, and lime powder is added to combat the acidity of the water before it continues its journey.

The Elan aqueduct (right) runs from the Foel Tower to Frankley Reservoir. Its route is a closely guarded secret, and the aqueduct is buried underground.

Garreg Ddu with Cwm Elan House in the valley behind and the railway in the upper right corner.

Garreg Ddu

Garreg Ddu is a submerged dam, which is only visible during low water levels. Its main purpose is to hold back water for extraction at the Foel Tower.

Extracting the water at Caban Coch would have involved pumps, whereas the Foel Tower is 52m higher than Frankley Reservoir in Birmingham. This means that the water can travel to Birmingham entirely by gravity, taking three days to reach its destination. It first travels

Opposite: Construction of the Elan Valley aqueduct which is 72 miles long.

Compensation Water

Although 300 million litres of water go to Birmingham each day, some water must always be released for the local area. It was written into law when Birmingham Corporation bought the Elan Estate that, as the River Elan is a tributary of the River Wye, the Elan must be topped up by water from the bottom of Caban Coch. This compensation water varies from 65 to 95 megalitres per day (a megalitre is a million litres) during normal conditions to hundreds of megalitres in the summer months or times of drought.

each door and, in some cases, brickwork was built between each row of houses to stop a fire from spreading.

A school was provided for children to the age of 11. After this the boys worked on the dams, while the girls helped in the village doing domestic chores.

A general worker or navvy worked 60 hours a week for 4p an hour, which was seen as generous at the time. Higher skilled workers earned more money. If a man died on the scheme, his wife would be given three months' worth of wages and accommodation before being kicked out of the village, inevitably ending up in the workhouse.

Nant y Gro

Left: Nant y Gro during trials.

Right: Caban Coch overspilling.

Nant y Gro was the first dam to be completed: a small, 11m-high dam that provided Elan Village with water and electricity. After phase one was completed, Nant y Gro was abandoned until Barnes Wallis' idea for the bouncing bomb.

As Nant y Gro was exactly $1/5$th of the size of the Möhne dam in the Ruhr Valley (one of the chosen targets) and in such a secluded spot, it was deemed the perfect place to hold secret trials. Barnes Wallis tested the level of charge needed to blow up the dam, which led to the destruction of Nant y Gro and the successful Dambusters raid.

Opposite: Poster for the bath house in Elan Village.

Right: Train heading downstream from Penbont Junction, near the top of Garreg Ddu reservoir.

The village was advanced for its time, with electricity from a small dam nearby (see Nant y Gro overleaf). There were two hospitals: an infectious disease hospital and one for injuries. The workers had their own version of an NHS, with a small amount taken from their wages each week. There was also a police station, fire station, recreation room, library, pub, shop, canteen and bathhouse.

Men were allowed to bathe four times a week, whereas women could only bathe for three hours on Wednesday afternoons.

The village was run by George Yourdi, a man of Greek and Irish descent, and the resident engineer for the Elan Valley dams. He employed a guard to check for illegal importation of alcohol into the village, and to stop anyone entering without the proper paperwork.

Only men were allowed in the pub, which only served a weak ale. Any signs of intoxication would lead to eviction, and women were not allowed to step foot inside at all.

At the end of the village, there was a small footbridge on private land which led, after a short distance, to the Elan Valley Hotel, which did not impose the same restrictions.

In the village, single men lived in groups of eight in a terraced house, shared with a married couple and their family. The huts were predominantly wooden, with a tar coating to protect them from the weather. Buckets were hung outside

CITY OF BIRMINGHAM WATER DEPARTMENT.
ELAN VILLAGE.

BATH & WASH-HOUSE

THE BATH AND WASH-HOUSE
WILL BE
OPENED ON MONDAY, AUGUST 12, 1895.

THE HOURS WILL BE--

FOR MEN:--
TUESDAYS	6 p.m. to 9 p.m.
FRIDAYS	6 p.m. to 9 p.m.
SATURDAYS	1 p.m. to 9 p.m.
SUNDAYS	

FOR WOMEN:--WEDNESDAYS 2 p.m. to 5 p.m.

THE CHARGES WILL BE--

FOR A BATH—1st CLASS - - **3d.**
Including a Cake of Soap and the use of Two Towels.

FOR A BATH—2nd CLASS - - **2d.**
Including a Cake of Soap and the use of One Towel.

FOR LAVATORY - - - - **1d.**
Including use of Soap and Towel.

By order of the Water Committee.

G. N. YOURDI,
RESIDENT ENGINEER.

31st JULY, 1895.

The railway line is now a nine-mile-long, multi-use path that is very popular with walkers and cyclists called the Elan Valley Trail (see page 25).

The local stone was only suitable for use inside the dams, mixed with an early form of concrete. These large blocks of rocks were called 'plums'. The facing stones were sandstone brought up from Glamorgan and hand-chiseled.

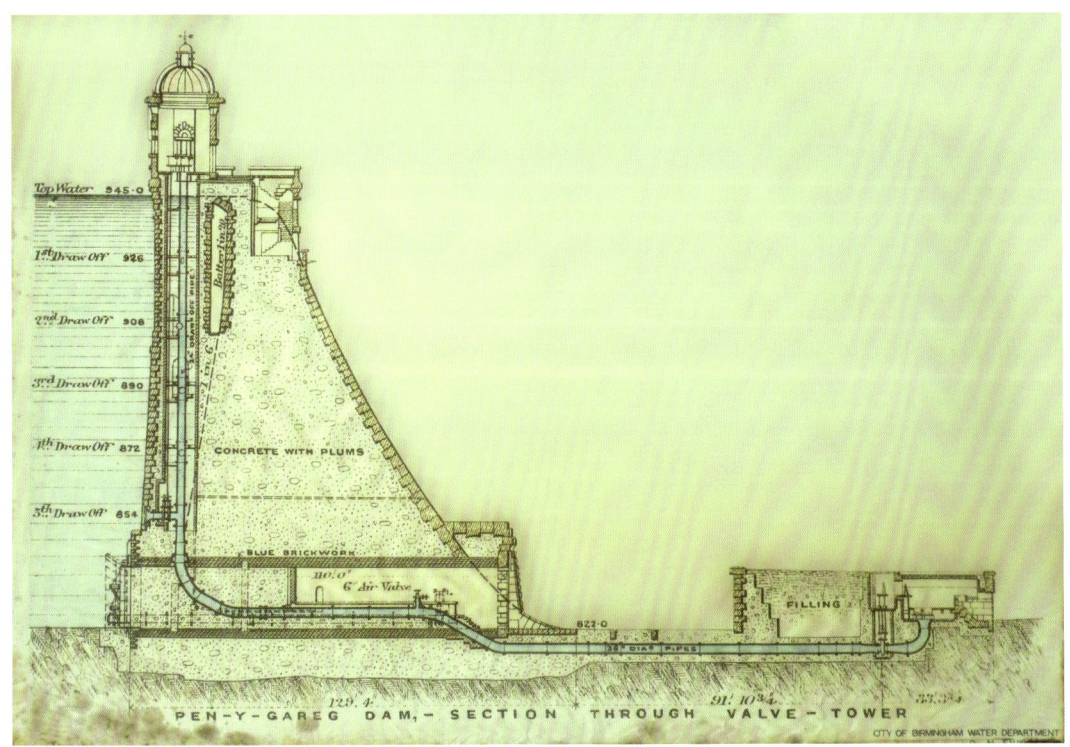

Plans for Pen y Garreg. Note the 'concrete with plums' in the middle of the dam.

Village Workforce

50,000 men passed through the books during phase one of the scheme. At its peak, 5,000 men worked on the project at one time. A village was created across the River Elan that could house 1,500 people. Before entering the village, workers had to spend the night in the dosshouse, where they were examined for any infectious diseases and checked by the doctor. Once proven to be healthy, they could enter the village and start work.

The construction of the dams was split into two phases. Phase one was to build the Elan Valley dams, and the foundations of the Dol y Mynach in the Claerwen Valley, as the site was going to be flooded due to the building of Caban Coch.

Before work started on the dams, construction began on a railway that would eventually total 33 miles. The railway ran from Rhayader to Craig Goch, and as the railway reached the site of a dam, work commenced on the dam. As the railway progressed up the valley, construction on the dams continued from Caban Coch all the way to Craig Goch.

The railway was a standard gauge, measuring 4' 8.5" across, the same as today's trains. It also ran across the face of Caban Coch, while a steam crane shuttled back and forth across Pen y Garreg. A second line ran to Dol y Mynach. The chains and pulleys in the exhibition hall and shop in the Visitor Centre remain from when the building was a workshop.

Steam crane across Pen y Garreg. The tracks in front are now the route of the Elan Valley Trail (see page 25).

HISTORY OF THE DAMS

During the Industrial Revolution, Birmingham's population exploded as people moved from the countryside to the cities to find work. The three small rivers (Cole, Tame and Rea) were not large enough to cope with the additional demands for clean water. Birmingham City Council decided that they needed to find a new source of drinking water to avoid major epidemics of waterborne diseases such as typhoid and cholera.

The two men instrumental in this project were Joseph Chamberlain, Mayor of Birmingham, and James Mansergh, chief engineer of Birmingham Corporation. Mansergh had previously identified the Elan and Claerwen Valleys as possible locations for water storage.

The three main reasons why these valleys were chosen were:

- An average annual rainfall of 1836mm, compared to Birmingham's 665mm

- Narrow valley of impermeable mudstone that would stop the water seeping away

- Higher altitude than Birmingham

Opposite, top:
Chief Engineer of Pen y Garreg dam, Eustace Tickell's drawing of the Vale of Nantgwyllt.

Left: Elan Village. These houses were demolished once the scheme was finished. In their place, stone houses were built to house the workers who were remaining to maintain the dams and any senior staff who were visiting. These houses remain today.

An Act of Parliament was passed in 1892 that allowed the compulsory purchase of the catchments of both valleys, which is 72 square miles (180 km²). Work began the following year in 1893. The nearly 300 occupants of the valleys, who were mostly tenant farmers, were forcibly relocated, yet only the landowners received compensation. Over 60 buildings including three manor houses, 18 farms, a school and a church were demolished. The Corporation tried to reuse as much of the building material as possible, and Nantgwyllt Church was rebuilt away from the water's edge.

Workers came from across the United Kingdom, and even from as far away as parts of Africa and India. Some of the families who were forced to leave their homes stayed to work on the dams, whereas others moved away, most remaining in Wales, and others crossing oceans to Australia and America.

2